JIKKYO NOTEBOOK

スパイラル数学A　学習ノート

【数学と人間の活動】

本書は，実教出版発行の問題集「スパイラル数学A」の3章「数学と人間の活動」の全例題と全問題を掲載した書き込み式のノートです。本書をノートのように学習していくことで，数学の実力を身につけることができます。

また，実教出版発行の教科書「新編数学A」に対応する問題には，教科書の該当ページが示してあります。教科書を参考にしながら問題を解くことによって，学習の効果がより一層高まります。

目　次

1節　数と人間の活動

2　n 進法

SPIRAL A

201　2 進法で表された次の数を 10 進法で表せ。 ▶教p.120例4

*(1)　$111_{(2)}$

(2)　$1001_{(2)}$

*(3)　$10110_{(2)}$

202 10 進法で表された次の数を 2 進法で表せ。 ▶教p.121 例5

*(1) 15

(2) 33

*(3) 60

***203** 次の問いに答えよ。 ▶教p.121例6

(1) 5進法で表された $143_{(5)}$ を10進法で表せ。

(2) 10進法で表された13を3進法で表せ。

SPIRAL B

例題 14 2 進法で表された $10010_{(2)}$ を 3 進法で表せ。

解　2 進法で表された $10010_{(2)}$ を 10 進法で表すと

$$1\times2^4+0\times2^3+0\times2^2+1\times2+0\times1=18$$

10 進法で表された 18 を 3 進法で表すと

$$18=2\times3^2+0\times3+0=200_{(3)}$$

よって，2 進法で表された数 $10010_{(2)}$ を 3 進法で表すと　$\mathbf{200_{(3)}}$ 答

```
3) 18
3)  6 … 0
3)  2 … 0
    0 … 2
```

***204**　3 進法で表された数 $2100_{(3)}$ を 2 進法で表せ。

例題 15 10 進法で表された 42 を n 進法で表すと $222_{(n)}$ であるという。自然数 n を求めよ。

解　$222_{(n)}$ を 10 進法で表すと

$$2\times n^2+2\times n+2\times 1=2n^2+2n+2$$

これが 42 に等しいから

$$2n^2+2n+2=42$$

$$n^2+n-20=0$$

$$(n+5)(n-4)=0$$

n は 3 以上の自然数であるから

$n=4$ 答

205 10 進法で表された 51 を n 進法で表すと $123_{(n)}$ であるという。自然数 n を求めよ。

206 10 進法で表された正の整数 N を 5 進法と 7 進法で表すと，それぞれ 3 桁の数 $abc_{(5)}$，$cab_{(7)}$ になるという。a，b，c の値を求めよ。
また，正の整数 N を 10 進法で表せ。

SPIRAL C

n 進法の小数

例題 16

(1)　$0.101_{(2)}$ を 10 進法の小数で表せ。

(2)　0.375 を 2 進法で表せ。

考え方　10 進法の小数 0.234 は $0.234 = 2 \times \frac{1}{10} + 3 \times \frac{1}{10^2} + 4 \times \frac{1}{10^3}$

n 進法では小数点以下の位は $\frac{1}{n}$ の位，$\frac{1}{n^2}$ の位，$\frac{1}{n^3}$ の位，……

解　(1)　$0.101_{(2)} = 1 \times \frac{1}{2} + 0 \times \frac{1}{2^2} + 1 \times \frac{1}{2^3} = 0.5 + 0 + 0.125 = \mathbf{0.625}$ 答

(2)　$0.375 = \frac{375}{1000} = \frac{3}{8} = \frac{2+1}{8} = \frac{1}{4} + \frac{1}{8}$

$= 0 \times \frac{1}{2} + 1 \times \frac{1}{2^2} + 1 \times \frac{1}{2^3}$

$= \mathbf{0.011_{(2)}}$ 答

207　次の問いに答えよ。

(1)　$0.421_{(5)}$ を 10 進法の小数で表せ。

(2)　0.672 を 5 進法で表せ。

3 約数と倍数

SPIRAL A

208 次の数の約数をすべて求めよ。 ▶教p.122例7

*(1) 18

(2) 63

*(3) 100

***209** 整数 a, b が 7 の倍数ならば, $a+b$ と $a-b$ も 7 の倍数であることを証明せよ。

▶教p.123例題1

***210** 次の数のうち, 4 の倍数はどれか。 ▶教p.124例8

① 232

② 345

③ 424

④ 378

⑤ 568

⑥ 2096

***211** 次の数のうち，3の倍数はどれか。 ▶教p.125例9

① 102　② 369　③ 424

④ 777　⑤ 1679　⑥ 6543

***212** 次の数のうち，9の倍数はどれか。 ▶教p.125練習10

① 123　② 264　③ 342

④ 585　⑤ 3888　⑥ 4376

***213** 次の数のうち，素数はどれか。

① 23　② 39　③ 41　④ 56

⑤ 67　⑥ 79　⑦ 87　⑧ 91

***214** 次の数を素因数分解せよ。 ▶教p.126例10

(1) 78　(2) 105

(3) 585　(4) 616

215 次の数が自然数になるような最小の自然数 n を求めよ。 ▶教p.126例題2

(1) $\sqrt{27n}$

(2) $\sqrt{126n}$

(3) $\sqrt{378n}$

SPIRAL B

約数の個数

例題 17 72 の正の約数の個数を求めよ。

解　72 を素因数分解すると　$72 = 2^3 \times 3^2$
72 の正の約数は，2^3 の正の約数 1，2，2^2，2^3 の 4 個のうちの 1 つと，3^2 の正の約数 1，3，3^2 の 3 個のうちの 1 つの積で表される。
よって，72 の正の約数の個数は　$4 \times 3 = \mathbf{12}$ **(個)**

	1	3	3^2
1	1×1	1×3	1×3^2
2	2×1	2×3	2×3^2
2^2	$2^2 \times 1$	$2^2 \times 3$	$2^2 \times 3^2$
2^3	$2^3 \times 1$	$2^3 \times 3$	$2^3 \times 3^2$

216 次の数について，正の約数の個数を求めよ。

*(1)　128

(2)　243

*(3)　648

(4)　396

217 次の問いに答えよ。

(1) 2桁の自然数 n は 140 の約数であるという。n の最小値と最大値を求めよ。

(2) 13 は 3 桁の自然数 n の約数であるという。n の最小値と最大値を求めよ。

218 百の位の数が 3，一の位の数が 2 である 3 桁の自然数 n が 3 の倍数であるとき，十の位にあてはまる数をすべて求めよ。

219 1，2，3，4 の 4 つの数が，1 つずつ書かれた 4 枚のカードがある。

(1) この 4 枚のカードを並べて 4 桁の 4 の倍数 N をつくる。このとき N の最大値と最小値を求めよ。

(2) このカードのうち 3 枚を並べて 3 桁の整数をつくるとき，6 の倍数であるものをすべて求めよ。

4 最大公約数と最小公倍数

SPIRAL A

*220 次の 2 つの数の最大公約数を求めよ。 ▶教p.129例13

(1) 12, 42

(2) 26, 39

(3) 28, 84

(4) 54, 72

(5) 147, 189

(6) 128, 512

*221　次の 2 つの数の最小公倍数を求めよ。　▶教p.129例14

(1)　12，20

(2)　18，24

(3)　21，26

(4)　26，78

(5)　20，75

(6)　84，126

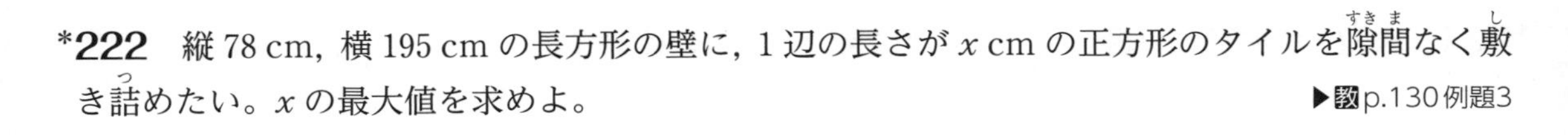

*222 縦 78 cm，横 195 cm の長方形の壁に，1 辺の長さが x cm の正方形のタイルを隙間なく敷き詰めたい。x の最大値を求めよ。

▶教 p.130 例題3

*223 ある駅の 1 番線では上り電車が 12 分おきに発車し，2 番線では下り電車が 16 分おきに発車している。1 番線と 2 番線から同時に電車が発車したあと，次に同時に発車するのは何分後か。

▶教 p.130 例題4

*224　次の 2 つの整数の組のうち，互いに素であるものはどれか。 ▶教p.131 例15

①　6 と 35

②　14 と 91

③　57 と 75

225　36 以下の自然数のうち，36 と互いに素である自然数をすべて求めよ。

SPIRAL B

226 次の 3 つの数の最大公約数を求めよ。

(1) 8，28，44

(2) 21，42，91

(3) 36，54，90

227 次の 3 つの数の最小公倍数を求めよ。

*(1) 21, 42, 63

*(2) 24, 40, 90

(3) 50, 60, 72

例題 18 正の整数 a と 60 について，最大公約数が 12，最小公倍数が 180 であるとき，a を求めよ。

考え方 2 つの正の整数 a と b の最大公約数を G，最小公倍数を L とするとき
① $a=Ga'$，$b=Gb'$　② $L=Ga'b'$　③ $ab=GL$

解 $60a=12\times180$　←$ab=GL$

よって　$a=\dfrac{12\times180}{60}=\mathbf{36}$ 答

***228** 正の整数 a と 64 について，最大公約数が 16，最小公倍数が 448 であるとき，a を求めよ。

C

229 91 以下の自然数のうち，91 と互いに素である数の個数を求めよ。

例題 19 最大公約数が 14，最小公倍数が 210 であるような 2 つの正の整数の組をすべて求めよ。

解　求める 2 つの正の整数を a，b とし，$a < b$ とする。
a と b の最大公約数は 14 であるから，互いに素である 2 つの正の整数 a'，b' を用いて

$a = 14a'$，$b = 14b'$　　←$a = Ga'$，$b = Gb'$

と表される。ただし，$0 < a' < b'$ である。
このとき　$14a' \times 14b' = 14 \times 210$　　←$ab = GL$
より　$a'b' = 15$
ゆえに　$a' = 1$，$b' = 15$　または　$a' = 3$，$b' = 5$
よって，求める 2 つの正の整数の組は　**14，210 と 42，70**　答

***230**　最大公約数が 15，最小公倍数が 315 であるような 2 つの正の整数の組をすべて求めよ。

5 整数の割り算と商および余り

SPIRAL A

*231 次の整数 a と正の整数 b について，a を b で割ったときの商 q と余り r を用いて，$a = bq + r$ の形で表せ。ただし，$0 \leqq r < b$ とする。 ▶教p.132例17

(1) $a = 87,\ b = 7$

(2) $a = 73,\ b = 16$

(3) $a = 163,\ b = 24$

***232** 次のような整数 a を求めよ。 ▶教 p.132

(1) a を 12 で割ると，商が 9，余りが 4 である。

(2) 190 を a で割ると，商が 14，余りが 8 である。

***233** 整数 a を 6 で割ると 5 余る。a を 3 で割ったときの余りを求めよ。 ▶教 p.132

***234** n を整数とする。n^2-n を 3 で割った余りは，0 または 2 であることを証明せよ。

▶教p.133例題5

SPIRAL B

235 整数 a を 7 で割ると 6 余り，整数 b を 7 で割ると 3 余る。このとき，次の数を 7 で割ったときの余りを求めよ。

*(1) $a+b$

*(2) ab

(3) $a-b$

(4) $b-a$

例題 20 -13 を 6 で割ったときの商 q と余り r を求めよ。

解 整数 a と正の整数 b について　$a=bq+r,\ 0 \leqq r < b$
となる整数 q と r が，a を b で割ったときの商と余りである。
$-13=6q+r$ を満たす q と r は，$0 \leqq r < 6$ より
$-13=6\times(-3)+5$
よって，商は $\mathbf{-3}$，余りは $\mathbf{5}$ である。 **答**

236 -26 を 7 で割ったときの商と余りを求めよ。

237 a，b を正の整数とする。$a+b$ を 5 で割ると 1 余り，整数 ab を 5 で割ると 4 余る。このとき，a^2+b^2 を 5 で割った余りを求めよ。

238 次のことを証明せよ。

(1)　n は整数とする。n^2 を 3 で割ったときの余りは 2 にならない。

(2)　3 つの整数 a，b，c が，$a^2+b^2=c^2$ を満たすとき，a，b のうち少なくとも一方は 3 の倍数である。

SPIRAL C

連続する整数の積

例題 21 n が奇数のとき，n^2-1 は 8 の倍数であることを証明せよ。

考え方　連続する 2 つの整数のうち一方は 2 の倍数であるから，それらの積は 2 の倍数である。

証明　n が奇数のとき，n は整数 k を用いて　$n=2k+1$

と表される。このとき　$n^2-1=(2k+1)^2-1=4k^2+4k=4k(k+1)$

ここで，$k(k+1)$ は，連続する 2 つの整数の積であるから 2 の倍数であり，整数 m を用いて

$$k(k+1)=2m$$

と表される。よって

$$4k(k+1)=4\times 2m=8m$$

したがって，n^2-1 は 8 の倍数である。　終

239　n を整数とする。次のことを証明せよ。

*(1)　n^2+n+1 は奇数である。

(2)　n^3+5n は 6 の倍数である。

例題 22　約数の利用

等式 $(x+1)(y-2)=3$ を満たす整数 x, y をすべて求めよ。

解　積が 3 となる整数は，1 と 3 または -1 と -3 であるから

$$(x+1,\ y-2)=(1,\ 3),\ (-1,\ -3),\ (3,\ 1),\ (-3,\ -1)$$

よって　$(\boldsymbol{x},\ \boldsymbol{y})=(\mathbf{0},\ \mathbf{5}),\ (\mathbf{-2},\ \mathbf{-1}),\ (\mathbf{2},\ \mathbf{3}),\ (\mathbf{-4},\ \mathbf{1})$　答

240　次の式を満たす整数 x, y をすべて求めよ。

(1)　$(x+2)(y-4)=5$

(2) $xy-2x+y+3=0$

(3) $\dfrac{1}{x}+\dfrac{1}{y}=\dfrac{1}{3}$

6 ユークリッドの互除法

SPIRAL A

*241 次の［　］にあてはまる数を求めよ。 ▶教p.136

135 を 15 で割ると，商は［ア］，余りは［イ］であるから，135 と 15 の最大公約数は［ウ］である。

*242 次の［　］にあてはまる数を求めよ。 ▶教p.136例18

133 を 91 で割ったときの余りは［ア］。

よって，133 と 91 の最大公約数は，91 と［ア］の最大公約数に等しい。

91 を［ア］で割ったときの余りは［イ］。

よって，91 と［ア］の最大公約数は，［ア］と［イ］の最大公約数に等しい。

［ア］を［イ］で割ったときの余りは［ウ］。

以上より，133 と 91 の最大公約数は［エ］である。

***243** 次の［　］にあてはまる数を求めよ。 ▶教p.136例18

互除法を利用して，897 と 208 の最大公約数を求めてみよう。

897 ＝ 208 ×［ア］＋［イ］

208 ＝［イ］×［ウ］＋［エ］

［イ］＝［エ］×［オ］

よって，897 と 208 の最大公約数は［カ］である。

244 互除法を用いて，次の 2 数の最大公約数を求めよ。 ▶教p.136例18

*(1) 273，63

*(2) 319，99

(3) 325，143

*(4) 414，138

(5) 570，133

*(6) 615，285

SPIRAL B

互除法と最小公倍数

例題 23 2つの整数437と209について，次の問いに答えよ。
(1) 互除法を用いて，最大公約数を求めよ。
(2) 最小公倍数を求めよ。

解 (1) $437 = 209 \times 2 + 19$
$209 = 19 \times 11$
よって，最大公約数は **19** 答

(2) 最小公倍数を L とすると
$437 \times 209 = 19L$ より
$L = \dfrac{437 \times 209}{19} = \mathbf{4807}$ 答

←正の整数 a，b の最大公約数を G，最小公倍数を L とすると　$ab = GL$

245 互除法を用いて，次の2数の最大公約数を求めよ。 ▶教p.136
また，最小公倍数を求めよ。

(1) 312，182

(2) 816，374

246　アメ玉が 1424 個，チョコレートが 623 個ある。n 人の子どもそれぞれに，アメ玉 a 個とチョコレート b 個を渡し，余りが出ないようにしたい。n の最大値と，そのときの a，b を求めよ。

247　右の図のように，縦 448 m，横 1204 m の長方形の公園のまわりに木を植えたい。縦も横も等しい間隔で木を植えるとき，木と木の間隔は最大で何 m になるか。ただし，四隅には木を植えるものとする。

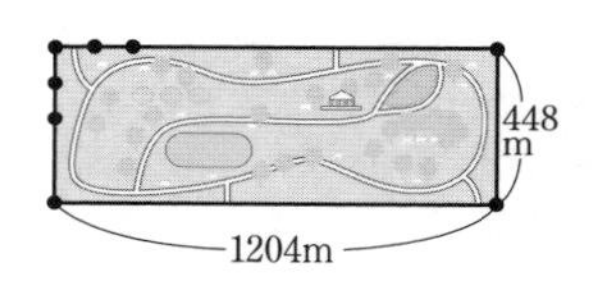

7 不定方程式

SPIRAL A

248 次の不定方程式の整数解をすべて求めよ。 ▶教p.137例19

*(1) $3x-4y=0$

(2) $9x-2y=0$

*(3) $2x+5y=0$

(4) $4x+9y=0$

*(5)　$12x+7y=0$　　(6)　$8x-15y=0$

249　次の不定方程式の整数解を１つ求めよ。

(1)　$3x+2y=1$　　*(2)　$4x-5y=1$

*(3) $7x+5y=1$

(4) $5x-4y=2$

(5) $4x+13y=3$

*(6) $11x-6y=4$

250 次の不定方程式の整数解をすべて求めよ。 ▶教p.138例題6

*(1) $2x+5y=1$

(2) $3x-8y=1$

(3) $11x+7y=1$

*(4) $2x-5y=3$

*(5)　$3x+7y=6$

(6)　$17x-3y=2$

251　次の不定方程式の整数解の１つを互除法を利用して求めよ。 ▶教p.139例20

*(1)　$17x-19y=1$

(2)　$34x-27y=1$

*(3) $31x+67y=1$

(4) $90x+61y=1$

SPIRAL B

252 次の不定方程式の整数解をすべて求めよ。 ▶教p.140応用例題1

*(1) $17x-19y=2$

(2) $34x-27y=3$

*(3)　$31x+67y=4$

(4)　$90x+61y=2$

253　単価 90 円の菓子 A と 120 円の菓子 B がある。
菓子 A を x 個，菓子 B を y 個用いて，ちょうど 1500 円となる菓子の詰めあわせをつくりたい。
菓子 A，B の個数の組 $(x,\ y)$ をすべて求めよ。

SPIRAL C

254 次の不定方程式が整数解をもつ場合，それらをすべて求めよ。
また，整数解をもたない場合はその理由をいえ。

(1) $6x+3y=1$

(2) $4x-2y=2$

(3) $3x-6y=3$

(4) $4x+8y=3$

例題 24 $x+3y+5z=12$ を満たす正の整数 x, y, z の組をすべて求めよ。

解 $x+3y+5z=12$ より

$$x+3y=12-5z \quad \cdots\cdots①$$

x, y は1以上の整数であるから　$x+3y \geqq 4$

①より　$12-5z \geqq 4$

$$5z \leqq 8$$

z は1以上の整数であるから　$z=1$

①に $z=1$ を代入すると

$$x+3y=7 \quad \cdots\cdots②$$

②を満たす正の整数 x, y の組は

$$(x,\ y)=(1,\ 2),\ (4,\ 1)$$

よって，求める正の整数 x, y, z の組は

$(x,\ y,\ z)=(1,\ 2,\ 1),\ (4,\ 1,\ 1)$ 答

255 次の等式を満たす正の整数 x, y, z の組をすべて求めよ。

(1) $x+4y+7z=16$

(2) $x+7y+2z=15$

思考力 PLUS 合同式

SPIRAL A

*256 次の合同式のうち，正しいものはどれか。

① $39 \equiv 7 \pmod{2}$　　② $22 \equiv 53 \pmod{6}$

③ $37 \equiv 27 \pmod{9}$　　④ $128 \equiv 32 \pmod{8}$

257 次の数を 3 で割ったときの余りを求めよ。

*(1) 34×71　　(2) 41×83

*(3) 51×112

SPIRAL B

合同式

例題 25 5^7 を 3 で割ったときの余りを求めよ。

解　$5 \equiv 2 \pmod 3$ より　$5^2 \equiv 2^2 \pmod 3$　←$a^n \equiv b^n \pmod m$

ここで，$2^2 = 4 \equiv 1 \pmod 3$ より　$5^2 \equiv 1 \pmod 3$

ゆえに，$5^7 = (5^2)^3 \times 5$ において

$(5^2)^3 \times 5 \equiv 1^3 \times 2 \pmod 3$　←$a^n \equiv b^n \pmod m$，$ac \equiv bd \pmod m$

よって，$1^3 \times 2 = 2$ であるから，5^7 を 3 で割ったときの余りは　**2**　答

258　次の数を 3 で割ったときの余りを求めよ。

(1)　4^5

*(2)　5^6

*259　1 から 9 までの整数のうち，次の $\square$ にあてはまる数をすべて求めよ。

(1)　$35 \equiv \square \pmod{3}$

(2)　$75 \equiv \square \pmod{4}$

(3)　$41 \equiv \square \pmod{5}$

(4)　$84 \equiv \square \pmod{6}$

260　次の数を 3 で割ったときの余りを求めよ。

(1)　$17 \times 47 \times 59$

(2)　$2^4 \times 7^3$

261 次の数を 7 で割ったときの余りを求めよ。

(1) $(25\times 44)+69$

(2) 37^2+61^2

SPIRAL C

合同式の応用

例題 26 n を正の整数とするとき，次の問いに答えよ。

(1) 2^n を 3 で割った余りが 1 または 2 であることを示せ。

(2) $2^{2n+1}+1$ は 3 の倍数であることを示せ。

証明 (1) (i) $n=1$ のとき

$$2^1=2\equiv 2 \pmod 3$$

(ii) $n\geqq 2$ のとき

ある自然数 m を用いて $n=2m$ または $n=2m+1$ と表される。

$n=2m$ のとき

$2^2=4\equiv 1 \pmod 3$ より

$2^{2m}=(2^2)^m=4^m\equiv 1^m=1 \pmod 3$

$n=2m+1$ のとき

$2^{2m+1}=2^{2m}\times 2\equiv 1\times 2=2 \pmod 3$

(i)〜(ii)より，2^n を 3 で割った余りは 1 または 2 である。終

(2) (1)より　$2^{2n+1}+1\equiv 2+1=3\equiv 0 \pmod 3$

よって　$2^{2n+1}+1$ は 3 の倍数である。終

262　nを正の整数とするとき，次の問いに答えよ。

(1)　3^n を 4 で割った余りが 1 または 3 であることを示せ。

(2)　$3^{2n+1}+1$ は 4 の倍数であることを示せ。

263 nを正の整数とするとき，n^2を5で割った余りが，0，1，4のいずれかであることを示せ。

2節　図形と人間の活動

1 相似を利用した測量　2 三平方の定理の利用　3 座標の考え方

SPIRAL A

264　次の図において △ABC ∽ △DEF である。x, y を求めよ。 ▶教p.142例1

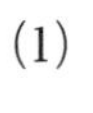

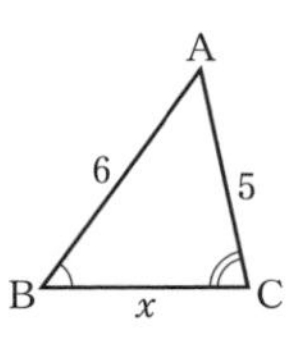

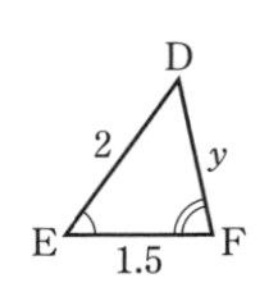

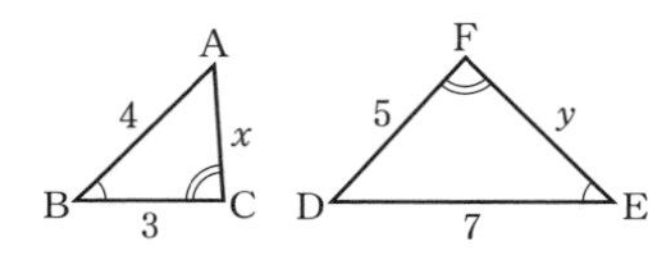

265　身長 1.8 m の人の地面にできる影が 0.6 m であった。このとき，影が 24 m であるビルの高さを求めよ。 ▶教p.143例2

266 次の直角三角形において，x を求めよ。 ▶教p.144例3

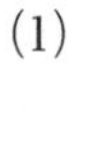

(1)

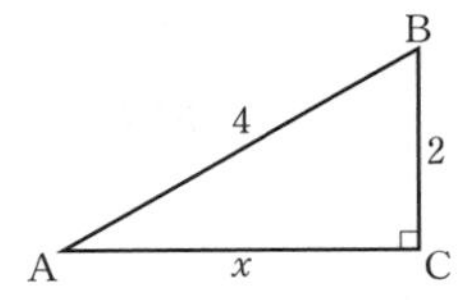

(2)

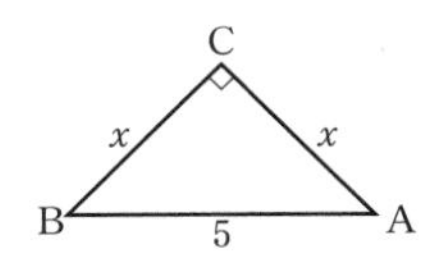

267 花火の 1 尺玉は，330 m の高さまで真上に打ち上げられる。花火が開いてからある地点で音が聞こえるまで 2 秒掛かった。このとき，音が聞こえた地点から花火の打ち上げ地点までの距離は何 m か。小数第 1 位を四捨五入して求めよ。ただし，音速は秒速 340 m とし，地面から耳までの高さは考えないものとする。

268 地球の半径を 6378 km，東京タワーの展望台の高さを 0.15 km とすると，東京タワーの展望台の点Pから見える一番遠い地点T（地平線）までの距離 PT は何 km か。小数第 2 位を四捨五入して求めよ。

▶教 p.145 例4

269 次の座標を数直線上に図示せよ。

▶教 p.146 例5

(1) A(7)　　(2) B(−2)　　(3) C$\left(\frac{9}{2}\right)$　　(4) D$\left(-\frac{3}{2}\right)$

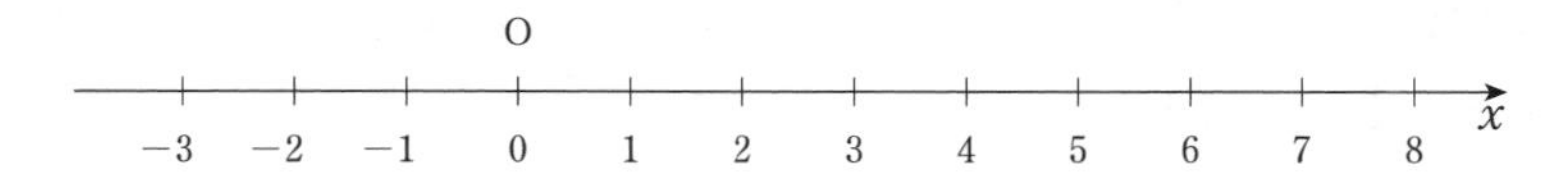

270 点 A (3, -2) について，点 A と x 軸，y 軸，原点に関して対称な点をそれぞれ B，C，D とするとき，これらの点の座標を求めよ。 ▶教p.146 例6

271 右の図において，点 P，Q，R，S の座標，および yz 平面に関して点 P と対称な点 T の座標を求めよ。 ▶教p.148 例7

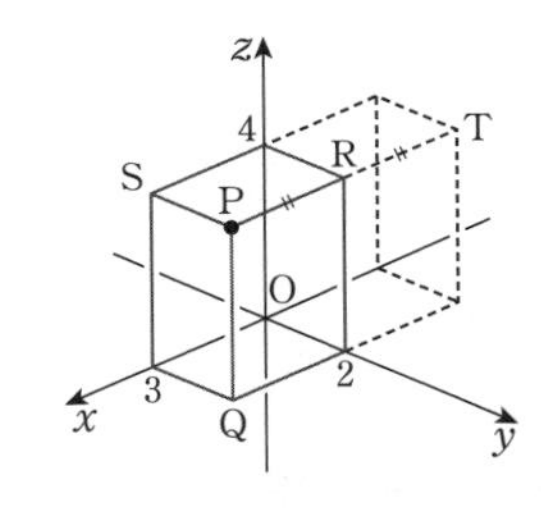

SPIRAL B

272 坂について，(垂直距離)÷(水平距離) の値を勾配といい，水平面に対する傾きの度合いを表す。たとえば，勾配が $\frac{1}{10}$ の上り坂を水平に 100 m 進んだとき，上る高さは 10 m である。バリアフリー法では，屋内の坂の勾配を $\frac{1}{12}$ 以下と定めている。次の①，②の坂はバリアフリー法の基準を満たしているか調べよ。ただし，坂の傾きは一定であるとする。

① 水平距離 700 cm，坂の距離 703 cm

② 水平距離 600 cm，坂の距離 602 cm

解答

201　(1)　7　(2)　9　(3)　22

202　(1)　$1111_{(2)}$　(2)　$100001_{(2)}$
(3)　$111100_{(2)}$

203　(1)　48　(2)　$111_{(3)}$

204　$111111_{(2)}$

205　$n=6$

206　$a=2$, $b=3$, $c=1$, $N=66$

207　(1)　0.888　(2)　$0.314_{(5)}$

208　(1)　1, 2, 3, 6, 9, 18, −1, −2, −3, −6, −9, −18
(2)　1, 3, 7, 9, 21, 63, −1, −3, −7, −9, −21, −63
(3)　1, 2, 4, 5, 10, 20, 25, 50, 100, −1, −2, −4, −5, −10, −20, −25, −50, −100

209　整数a, bは7の倍数であるから，整数k, lを用いて

$$a=7k,\ b=7l$$

と表される。

$$a+b=7k+7l=7(k+l)$$
$$a-b=7k-7l=7(k-l)$$

ここで，$k+l$, $k-l$は整数であるから，$7(k+l)$, $7(k-l)$は7の倍数である。
よって，$a+b$と$a-b$は7の倍数である。

210　①, ③, ⑤, ⑥

211　①, ②, ④, ⑥

212　③, ④, ⑤

213　①, ③, ⑤, ⑥

214　(1)　$2\times3\times13$　(2)　$3\times5\times7$
(3)　$3^2\times5\times13$　(4)　$2^3\times7\times11$

215　(1)　3　(2)　14　(3)　42

216　(1)　8個　(2)　6個
(3)　20個　(4)　18個

217　(1)　最小値は10，最大値は70
(2)　最小値は104，最大値は988

218　1, 4, 7

219　(1)　最大値は4312，最小値は1324
(2)　132, 234, 312, 324, 342, 432

220　(1)　6　(2)　13
(3)　28　(4)　18
(5)　21　(6)　128

221　(1)　60　(2)　72
(3)　546　(4)　78
(5)　300　(6)　252

222　39

223　48分後

224　①

225　1, 5, 7, 11, 13, 17, 19, 23, 25, 29, 31, 35

226　(1)　4　(2)　7　(3)　18

227　(1)　126　(2)　360　(3)　1800

228　112

229　72個

230　15, 315　と　45, 105

231　(1)　$87=7\times12+3$　(2)　$73=16\times4+9$
(3)　$163=24\times6+19$

232　(1)　$a=112$　(2)　$a=13$

233　2

234　整数nは，整数kを用いて，次のいずれかの形で表される。

$$3k,\ 3k+1,\ 3k+2$$

(i)　$n=3k$ のとき

$$n^2-n=(3k)^2-3k$$
$$=3k(3k-1)$$

(ii)　$n=3k+1$ のとき

$$n^2-n=(3k+1)^2-(3k+1)$$
$$=(3k+1)\{(3k+1)-1\}$$
$$=3k(3k+1)$$

(iii)　$n=3k+2$ のとき

$$n^2-n=(3k+2)^2-(3k+2)$$
$$=(3k+2)\{(3k+2)-1\}$$
$$=(3k+2)(3k+1)$$
$$=9k^2+9k+2$$
$$=3(3k^2+3k)+2$$

以上より，(i)と(ii)の場合は余り0，(iii)の場合は余り2である。
よって，n^2-nを3で割った余りは，0または2である。

235　(1)　2　(2)　4
(3)　3　(4)　4

236　商は −4，余りは2

237　3

238　(1)　整数nは，整数kを用いて，次のいずれかの形で表される。

$$3k,\ 3k+1,\ 3k+2$$

(i)　$n=3k$ のとき

$$n^2=(3k)^2=9k^2=3\times3k^2$$

(ii)　$n=3k+1$ のとき

$$n^2=(3k+1)^2$$

$=9k^2+6k+1$
$=3(3k^2+2k)+1$

(iii) $n=3k+2$ のとき
$n^2=(3k+2)^2$
$=9k^2+12k+4$
$=3(3k^2+4k+1)+1$

ゆえに，(i)の場合は余り 0，
(ii)，(iii)の場合は余り 1
よって，n^2 を 3 で割ったときの余りは 2 にならない。

(2) $a^2+b^2=c^2$ を満たすとき，「a，b とも 3 の倍数でない。」と仮定する。
このとき，(1)の証明の(ii)，(iii)より，a^2，b^2 を 3 で割った余りは 1 である。ゆえに，整数 s，t を用いて
$a^2=3s+1$，$b^2=3t+1$
と表される。
$a^2+b^2=(3s+1)+(3t+1)$
$=3(s+t)+2$
よって，a^2+b^2 を 3 で割った余りは 2 である。
一方，(1)より c^2 を 3 で割ったときの余りは 2 にならない。すなわち
$a^2+b^2 \neq c^2$
これは，$a^2+b^2=c^2$ に矛盾する。
したがって，$a^2+b^2=c^2$ を満たすとき，a，b のうち少なくとも一方は 3 の倍数である。

239 (1) $n^2+n+1=n(n+1)+1$
$n(n+1)$ は連続する 2 つの整数の積であるから 2 の倍数であり，整数 k を用いて
$n(n+1)=2k$
と表される。よって
$n^2+n+1=2k+1$
したがって，n^2+n+1 は奇数である。

(2) $n^3+5n=n(n^2-1)+6n$
$=n(n+1)(n-1)+6n$
$=(n-1)n(n+1)+6n$
$(n-1)n(n+1)$ は連続する 3 つの整数の積であるから 6 の倍数であり，整数 k を用いて
$(n-1)n(n+1)=6k$
と表される。よって
$n^3+5n=6k+6n=6(k+n)$
$k+n$ は整数であるから，n^3+5n は 6 の倍数である。

240 (1) $(x,\ y)=(-1,\ 9)$，$(-3,\ -1)$，$(3,\ 5)$，$(-7,\ 3)$
(2) $(x,\ y)=(0,\ -3)$，$(-6,\ 3)$，$(-2,\ 7)$，$(4,\ 1)$
(3) $(x,\ y)=(4,\ 12)$，$(12,\ 4)$，$(2,\ -6)$，$(-6,\ 2)$，$(6,\ 6)$

241 ア：9　イ：0　ウ：15

242 ア：42　イ：7　ウ：0　エ：7

243 ア：4　イ：65　ウ：3　エ：13　オ：5　カ：13

244 (1) 21　(2) 11　(3) 13　(4) 138　(5) 19　(6) 15

245 (1) 最大公約数は 26
最小公倍数は 2184
(2) 最大公約数は 34
最小公倍数は 8976

246 n の最大値は 89
$a=16$，$b=7$

247 28 m

248 (1) $x=4k$，$y=3k$ （k は整数）
(2) $x=2k$，$y=9k$ （k は整数）
(3) $x=5k$，$y=-2k$ （k は整数）
(4) $x=9k$，$y=-4k$ （k は整数）
(5) $x=7k$，$y=-12k$ （k は整数）
(6) $x=15k$，$y=8k$ （k は整数）

249 (1) $x=1$，$y=-1$
(2) $x=-1$，$y=-1$
(3) $x=-2$，$y=3$
(4) $x=2$，$y=2$
(5) $x=4$，$y=-1$
(6) $x=2$，$y=3$

250 (1) $x=5k-2$，$y=-2k+1$ （k は整数）
(2) $x=8k+3$，$y=3k+1$ （k は整数）
(3) $x=7k+2$，$y=-11k-3$ （k は整数）
(4) $x=5k+4$，$y=2k+1$ （k は整数）
(5) $x=7k+2$，$y=-3k$ （k は整数）
(6) $x=3k+1$，$y=17k+5$ （k は整数）

251 (1) $x=9$，$y=8$
(2) $x=4$，$y=5$
(3) $x=13$，$y=-6$
(4) $x=-21$，$y=31$

252 (1) $x=19k+18$，$y=17k+16$ （k は整数）
(2) $x=27k+12$，$y=34k+15$ （k は整数）
(3) $x=67k+52$，$y=-31k-24$ （k は整数）
(4) $x=61k-42$，$y=-90k+62$ （k は整数）

253 $(2,\ 11)$，$(6,\ 8)$，$(10,\ 5)$，$(14,\ 2)$

254 (1) **ない。**
(2) $\boldsymbol{x=k,\ y=2k-1}$ （$\boldsymbol{k}$**は整数**）
(3) $\boldsymbol{x=2k+1,\ y=k}$ （$\boldsymbol{k}$**は整数**）
(4) **ない。**

255 (1) $\boldsymbol{(x,\ y,\ z)=(1,\ 2,\ 1),\ (5,\ 1,\ 1)}$
(2) $\boldsymbol{(x,\ y,\ z)}$
$\boldsymbol{=(2,\ 1,\ 3),\ (4,\ 1,\ 2),\ (6,\ 1,\ 1)}$

256 ①，④

257 (1) **2**　(2) **1**　(3) **0**

258 (1) **1**　(2) **1**

259 (1) **2，5，8**　(2) **3，7**
(3) **1，6**　(4) **6**

260 (1) **2**　(2) **1**

261 (1) **0**　(2) **1**

262 (1) (i) $n=1$ のとき
$3^1=3\equiv3 \pmod 4$
(ii) $n\geqq2$ のとき
ある自然数 m を用いて $n=2m$ または
$n=2m+1$ と表される。
$n=2m$ のとき
$3^2=9\equiv1 \pmod 4$ より
$3^{2m}=(3^2)^m=9^m\equiv1^m=1 \pmod 4$
$n=2m+1$ のとき
$3^{2m+1}=3^{2m}\times3\equiv1\times3=3 \pmod 4$
(i)，(ii)より，3^n を 4 で割ったときの余りは 1 または 3 である。
(2) (1)より $3^{2n+1}+1\equiv3+1=4\equiv0 \pmod 4$
よって $3^{2n+1}+1$ は 4 の倍数である。

263 n を 5 で割ったときの余りは
0，1，2，3，4 のいずれかである。
(i) $n\equiv0 \pmod 5$ のとき
$n^2\equiv0^2=0 \pmod 5$
(ii) $n\equiv1 \pmod 5$ のとき
$n^2\equiv1^2=1 \pmod 5$
(iii) $n\equiv2 \pmod 5$ のとき
$n^2\equiv2^2=4 \pmod 5$
(iv) $n\equiv3 \pmod 5$ のとき
$n^2\equiv3^2=9\equiv4 \pmod 5$
(v) $n\equiv4 \pmod 5$ のとき
$n^2\equiv4^2=16\equiv1 \pmod 5$
よって，n^2 を 5 で割ったときの余りは 0，1，4 のいずれかである。

264 (1) $\boldsymbol{x=\frac{9}{2},\ y=\frac{5}{3}}$
(2) $\boldsymbol{x=\frac{20}{7},\ y=\frac{21}{4}}$

265 **72 m**

266 (1) $\boldsymbol{2\sqrt{3}}$　(2) $\boldsymbol{\frac{5\sqrt{2}}{2}}$

267 **595 m**

268 **43.7 km**

269

270 $\boldsymbol{B(3,\ 2),\ C(-3,\ -2),\ D(-3,\ 2)}$

271 $\boldsymbol{P(3,\ 2,\ 4),\ Q(3,\ 2,\ 0),\ R(0,\ 2,\ 4),}$
$\boldsymbol{S(3,\ 0,\ 4),\ T(-3,\ 2,\ 4)}$

272 ① **満たしていない。**
② **満たしている。**

スパイラル数学A学習ノート
数学と人間の活動

●編　者　実教出版編修部
●発行者　小田　良次
●印刷所　寿印刷株式会社

●発行所　実教出版株式会社
〒102-8377
東京都千代田区五番町5
電話＜営業＞(03)3238-7777
　　＜編修＞(03)3238-7785
　　＜総務＞(03)3238-7700
https://www.jikkyo.co.jp/

002402022　　ISBN 978-4-407-36033-2